Sefawdin Berta
Habtamu Kassay

Caraterísticas morfológicas e físico-químicas do lago Kabo (Buryi)

Sefawdin Berta
Habtamu Kassay

Caraterísticas morfológicas e físico-químicas do lago Kabo (Buryi)

ScienciaScripts

Imprint
Any brand names and product names mentioned in this book are subject to trademark, brand or patent protection and are trademarks or registered trademarks of their respective holders. The use of brand names, product names, common names, trade names, product descriptions etc. even without a particular marking in this work is in no way to be construed to mean that such names may be regarded as unrestricted in respect of trademark and brand protection legislation and could thus be used by anyone.

Cover image: www.ingimage.com

This book is a translation from the original published under ISBN 978-3-659-79613-5.

Publisher:
Sciencia Scripts
is a trademark of
Dodo Books Indian Ocean Ltd. and OmniScriptum S.R.L publishing group

120 High Road, East Finchley, London, N2 9ED, United Kingdom
Str. Armeneasca 28/1, office 1, Chisinau MD-2012, Republic of Moldova, Europe
Printed at: see last page
ISBN: 978-620-8-32591-6

ÍNDICE DE CONTEÚDOS:

ABREVIATURAS

BOD	Biological oxygen demand,
COD	Chemical oxygen demand
DO	Dissolved oxygen
Plc	Private Limited Company
EC	Electrical conductivity
TDS	Total Dissolved Solids
TSS	Total Suspended solid
SS1	Sampling station one
SS2	Sampling station two
SS3	Sampling station three
SS4	Sampling station four

ACRÓNIMOS

FAO	Food and Agricultural Organization
PH	Power of Hydrogen
USEPA	United States Environment Protection Authority
WHO	World Health Organization

RESUMO

Qualquer condição ambiental adversa afecta a vida dos peixes. O presente estudo foi realizado objetivamente para identificar a razão crítica da morte dos peixes através da análise dos aspectos físico-químicos e biológicos do lago Kabo. O lago está rodeado por uma encosta coberta por uma variedade de florestas naturais. As amostras foram recolhidas em quatro locais de amostragem no lago durante dez meses, de outubro de 2013 a agosto de 2014. Foram selecionadas e codificadas quatro estações de amostragem no lago. A recolha de amostras foi feita todos os meses e os dados foram analisados utilizando o SPSS versão 16. As actividades experimentais foram realizadas tanto no local como no laboratório. Os resultados finais da análise foram comparados com os limites admissíveis prescritos pela OMS, FAO, BIS e outros materiais de referência. A profundidade máxima do lago foi de 20,5 m durante o período de estudo. Parâmetros como PH (6.1-8.7), TDS (60251.3 mg/l) e Alcalinidade Total (101-

195mg/l) estavam de acordo com os limites prescritos pela WHO (1993) e BIS (1991) para peixes e vida aquática e DO (2.8-4.7mg/l) e T° (1825^0 C) estavam abaixo do limite especificado. A morte súbita da tilápia no lago, que teve morte súbita à medida que o tamanho aumentou, deveu-se a um valor inferior e a uma grande flutuação do OD. O estudo conclui que a tilápia pode tolerar problemas críticos de valor de DO inferior a 3mg/l e água menos nutritiva. As concentrações de cálcio e cloreto abaixo do esperado encontradas no lago são a causa provável da falta de sabor do peixe frito. O lago deve ser bem gerido de modo a melhorar as suas caraterísticas físico-químicas, para que possa suportar mais vida.

Palavras-chave: Lago Kabo, PH, Físico-químico

Reconhecimento

A equipa deste trabalho de investigação do Departamento de Biologia e Química da Universidade gostaria de agradecer e expressar a sua profunda gratidão ao Laboratório Regional de Solos que permitiu a realização das experiências laboratoriais. Agradecemos à nossa Universidade por apoiar financeiramente a equipa e por nos ter apoiado firmemente durante todo o período desta investigação. Além disso, a tarefa teria sido impossível sem a autorização direta da Green Coffee Real State Plc. Também não é descabido agradecer à administração da zona de Majang por fornecer informações preliminares.

CAPÍTULO 1

INTRODUÇÃO

A maioria das águas é adequada para a produção de peixes e qualquer condição ambiental hostil perturba a vida aquática em geral e a vida dos peixes em particular, embora as tolerâncias a diferentes parâmetros de qualidade da água variem entre as espécies de peixes (Shinde Deepak e Ningwal Uday Singh, 2014). As caraterísticas físico-químicas da água são importantes factores determinantes do sistema aquático. As suas caraterísticas são grandemente influenciadas pela vegetação climática e pela composição geral da água.

Esta investigação foi realizada no estado regional de Gambela, zona de Majang, Godere worada, Gubeti kebele, Etiópia. O lago Kabo é um lago pequeno, circular e natural. Situa-se a cerca de 651 km de Adis Abeba e a 40 km da cidade de Tepi. O lago situa-se muito longe do centro e não está sob a alçada do governo. A população local beneficia do lago através da atividade piscatória. Encontrámos peixes mortos a flutuar no lago e estamos interessados em identificar possíveis problemas do lago. As caraterísticas físico-químicas da água têm um efeito direto na sobrevivência, crescimento, reprodução e distribuição dos peixes.

Quaisquer caraterísticas ambientais inadequadas prejudicam a vida dos peixes (Deepak e Singh, 2014). A qualidade da água é, portanto, um fator indispensável a ter em conta no planeamento da produção de peixe (Mallya, 2007).

A química das águas superficiais naturais é complexa e baseia-se no equilíbrio alcançado com as caraterísticas físicas, químicas e biológicas normais do meio envolvente (Bronmark e Hansson, 2005). Por conseguinte, o presente estudo foi realizado com o objetivo de obter informações sobre os parâmetros físico-químicos da água do lago Kabo para a referência dos peixes pela primeira vez e descobrir a razão da morte súbita dos peixes. Assim, o resultado deste estudo pode fornecer dados primários sobre o lago para um estudo científico mais aprofundado, ajudar a alargar a gestão sustentável do lago e a monitorização da qualidade da água do lago, indicar o problema do lago identificado e recomendar em conformidade e apontar possíveis soluções.

1.1 Objetivo do estudo

Uma vez que o lago não foi estudado antes, este estudo teve como objetivo caraterizar o lago e identificar a razão da morte súbita dos peixes. Assim, para atingir o objetivo, foram investigadas as alterações mensais dos parâmetros de qualidade da água, como as caraterísticas morfométricas, os parâmetros físico-químicos e biológicos indirectos, ao longo de 10 meses do ano, de outubro de 2013 a agosto de 2014.

1.2 Objectivos do estudo

1.2.1 Objetivo geral

O objetivo geral desta investigação é analisar as caraterísticas físico-químicas do Lago Kabo como referência para a criação de peixes.

1.2.2 Objectivos específicos do estudo

1. Avaliar a qualidade da água do lago, através da análise de alguns parâmetros selecionados de qualidade da água
2. Comparar o resultado com os limites nacionais e internacionais estabelecidos para os peixes e a vida aquática.
3. Fazer recomendações sobre a qualidade do lago
4. Encontrar uma possível razão para a morte súbita do peixe e para o facto de o peixe não ter sabor.

1.3 Declaração do problema

É obrigatório para todos os cidadãos gerir e controlar os seus recursos naturais, direta ou indiretamente. Recentemente, as massas de água são consideradas como um meio de trazer desenvolvimento sustentável para o nosso país, mas não há nenhuma razão tangível para o facto de este lago estar muito esquecido. Não existe qualquer investigação realizada sobre o lago Kabo no que respeita ao seu objetivo ou caraterísticas específicas. Este estudo tentará avaliar, pela primeira vez, as caraterísticas físico-químicas e biológicas do lago Kabo e avaliar o lago para fins de pesca utilizando alguns parâmetros. O lago está a servir como área recreativa e fonte de rendimento através da caça de peixe para as pessoas. Mas, a produtividade do lago para peixes é limitada. Assim, este estudo é muito importante para conhecer o problema que reduz a produção de peixe.

1.4 Limitações do estudo

O estudo não pôde incluir o estudo da qualidade microbiológica da água do lago devido a problemas financeiros.

CAPÍTULO 2

2. REVISÃO DA LITERATURA

É agora geralmente aceite que os ambientes aquáticos não podem ser vistos simplesmente como tanques de retenção que fornecem água para as actividades humanas. Pelo contrário, estes ambientes são matrizes complexas que requerem uma utilização cuidadosa para garantir o funcionamento sustentável dos ecossistemas no futuro (Genevieve M. e Jems P., 2008). Uma determinada qualidade da água é confirmada pela comparação das caraterísticas físicas e químicas de uma amostra de água com as diretrizes ou normas de qualidade da água.

Os factores ambientais não influenciam apenas a qualidade dos peixes, as suas distribuições, as suas comunidades e as migrações sazonais. Para reduzir a energia despendida para sobreviver, os organismos favorecem tipicamente áreas que optimizam os seus processos fisiológicos (K.R.Matthews,1990).

A qualidade da água é, portanto, uma condição importante que determina a situação ambiental dos peixes. Pode ser um indicador de boas ou más condições de vida de qualquer peixe.

As boas e óptimas condições da água promovem o crescimento e a reprodução dos peixes e reduzem a sua suscetibilidade às doenças ou ao stress em geral (J.E.Rakocy, A.S.McGinty,1989).

A manutenção de um ecossistema aquático saudável depende das propriedades físico-químicas e da diversidade biológica (Venkatesharaju et al., 2010).

A temperatura tem um efeito significativo tanto nas funções biológicas dos organismos aquáticos como noutros parâmetros físico-químicos (Beadle, 1981; Huet, 1986; Lowe McConnell, 1987; Colman et al., 1992; Boyd, 1998).

Kasangaki et al. (2008) descobriram que a temperatura, o pH e a transparência da água estavam entre os factores mais importantes que previam as assembleias de macro-invertebrados bentónicos. Na maioria dos sistemas aquáticos tropicais, as espécies crescem melhor a temperaturas entre 20° C e 32° C e as temperaturas da água permanecem geralmente neste intervalo durante todo o ano (Lowe-McConnell, 1987; Boyd, 1998).

2.1 Qualidade da água

A qualidade da água é um termo utilizado para descrever as caraterísticas químicas, físicas e biológicas da água em termos de adequação a uma determinada utilização. A água é o meio de cultura dos peixes e de outros organismos aquáticos. É o suporte físico no qual estes desempenham as suas funções vitais, como a alimentação, a natação, a reprodução, a digestão e a excreção.

A química das águas superficiais naturais é complexa e baseia-se no equilíbrio alcançado com as caraterísticas físicas, químicas e biológicas normais do meio envolvente (Bronmark e Hansson, 2005). A escassez de água doce está entre os desafios ambientais mais urgentes deste século.

A qualidade da água é a totalidade dos parâmetros físicos, biológicos e químicos que afectam o crescimento e o bem-estar dos organismos. A qualidade da água é, portanto, um fator indispensável a ter em conta quando se planeia a produção de peixe (Mallya, Y, 2007). É um dos factores mais críticos, para além de uma boa ração/alimentação, na produção de peixes. Qualquer massa de água é um meio potencial para a produção de organismos aquáticos. Atualmente, a água doce e outros corpos aquáticos são responsáveis por uma parte crescente da produção universal de alimentos aquáticos.

As águas subterrâneas satisfazem as necessidades domésticas de mais de 80% da população rural e 50% da população urbana e satisfazem 50% das necessidades de irrigação da agricultura. Cerca de dois quintos da produção agrícola das Índias provêm de áreas irrigadas por águas subterrâneas. O objetivo deste estudo é avaliar a qualidade das águas subterrâneas e a sua aptidão para consumo.

2.2 Parâmetros físico-químicos da água doce

Compreender as caraterísticas físicas, químicas e biológicas de um lago ou de qualquer massa de água é vital para determinar o seu estado e tomar decisões informadas sobre a gestão do lago (Tushar K. G.,2012). As interações das propriedades físicas e químicas da água desempenham um papel significativo na composição, distribuição, abundância, movimentos e diversidade dos organismos aquáticos. Para minimizar a energia gasta para sobreviver, as espécies normalmente favorecem condições de habitat que optimizam o seu processo fisiológico (Matthews, 1990).

Tabela 1. Normas para a água potável da OMS (1963), BIS (1991) e ICMR (1975)

Parameters	WHO	BIS	ICMR
pH	6.5 -8.5	7-8	7-8.5
E.C.	300	300	300
Total Hardness	500	500	300
Calcium Hardness	75	75	75
Magnesium	50	50	50
Chloride	200	200	250-1000
Alkalinity	75	---	---
D.O	4-6 ppm	4-6 ppm	4-6 ppm

2.2. 1Factores físicos que influenciam a qualidade da água

As propriedades físicas de uma massa de água desempenham um papel importante na sua produtividade e no crescimento dos organismos aquáticos. Todos os organismos aquáticos, incluindo os peixes, necessitam de uma quantidade óptima de parâmetros físico-químicos. Estes parâmetros determinam os tipos de vida que sobrevivem nas massas de água. Há uma série de parâmetros que devem ser definidos quando a qualidade da água ou do lago é investigada para uma vida aquática limitada, como os peixes.

2.2.1. 1PH

A vida e o crescimento do peixe dependem do pH da água. O intervalo de pH adequado para a cultura de peixes situa-se entre 6,7 e 9,5. De acordo com B. Santhosh, e N. Singh, (2007) o pH ideal para o crescimento de peixes é de 7,5 a 8,5. Acima e abaixo deste valor é stressante para os peixes. Cada organismo do rio está adaptado a uma gama específica de pH. Um pH baixo afecta as funções fisiológicas da vida aquática através da redução da atividade e eficácia das enzimas. Um pH inferior a 6,5 unidades pode ser prejudicial para muitas espécies de peixes. Por conseguinte, a gama de pH de 6,5 a 9,0 unidades seria adequada para a proteção dos habitats aquáticos. A gama de pH adequada para a pesca é considerada como sendo de 5,0-9,0, embora seja preferível 6,5-8,5 (Aninomy, 2001). As algas requerem um pH de cerca de 7 e um pH ligeiramente mais baixo (alcalino) de 6,5 favorece um bom zooplâncton (pequenos animais na água do tanque dos quais os peixes se alimentam) e o crescimento dos peixes (Viveen et al., 1985).

O pH também pode afetar a saúde dos peixes. Para a maioria das espécies de água doce, é ideal uma gama de pH entre 6,5 e 9,0, mas a maioria dos animais marinhos não tolera uma gama de pH tão ampla como os animais de água doce, pelo que o pH ótimo se situa geralmente entre 7,5 e 8,5 (Boyd, 1998).

Abaixo do pH 6,5, parâmetros físicos, algumas espécies registam um crescimento lento (Lloyd, 1992). A um pH inferior, a capacidade do organismo para manter o seu equilíbrio salino é afetada (Lloyd, 1992) e a reprodução cessa. Aproximadamente a pH 4,0 ou inferior e pH 11 ou superior, a maioria das espécies morre (Lawson, 1995). O quadro 1 mostra os efeitos de diferentes níveis de pH para os peixes de lago de água quente, enquanto o quadro 2 mostra o valor recomendado para a produção aquícola de salmonídeos.

Tabela 2. Efeito do pH no crescimento dos peixes

Fish growth							
death	*slow growth*		*good growth*		*slow growth*		*death*
pH 4	*5*	*6*	*7*	*8*	*9*	*10*	*11*

pH para o crescimento dos peixes (Viveen et al., 1985)

O valor do pH da água aumenta durante o dia, uma vez que a quantidade de ácido carbónico é reduzida; por outro lado, as concentrações de oxigénio dissolvido aumentam durante o dia. À noite, o nível de dióxido de carbono aumenta, levando à redução do pH, e o nível de oxigénio dissolvido também diminui (Svobodová, Z.etal, 1993).

2.1.1.1 A temperatura

A temperatura é o parâmetro mais importante para a sobrevivência durante toda a vida. Um facto ou conhecimento prévio da temperatura máxima e mínima da água da massa de água é essencial para selecionar o processo adequado para a cultura de peixes. Esta temperatura é específica para determinadas espécies de peixes ou de vida aquática. A temperatura adequada da água para a cultura de carpas, por exemplo, situa-se entre 24 e 30^0 C. O aumento da temperatura pode causar stress e expor o peixe a doenças (Join, B. 2004).

2.1.1.2 Clareza da água (Transparência)

A transparência da água da lagoa ou do lago varia de quase zero (no caso de água muito turva) a água muito clara e depende da turbidez da água, que é a quantidade de matéria em suspensão (algas, partículas de solo, etc.) na água. A transparência da água pode ser determinada pelo disco de Secchi. O disco de Secchi é um disco metálico totalmente branco ou preto e branco que pode ser facilmente fabricado à mão. O disco está ligado a um cordão que é marcado a cada 5 cm ao longo do seu comprimento (Assiah van Eer, et al., 2004).

A turvação é a diminuição da capacidade da água para transmitir a luz causada por partículas em suspensão e fitoplâncton. A transparência do disco de Secchi de 30 a 40 cm mostra uma produtividade óptima do lago e 50 cm é elevada. As algas, os animais aquáticos microscópicos, a cor da água e os sedimentos em suspensão interferem com a penetração da luz e diminuem a transparência da água. Assim, a transparência de secchi é considerada uma medida indireta da quantidade de algas e sedimentos presentes na água (Tushar K. et al., 2012). A água turva pode impedir que a luz solar chegue às plantas aquáticas. A falta de vegetação permite que o sedimento seja agitado e impede que a luz solar impeça o crescimento, diminuindo a gratificação da lagoa/lago (Tushar K. G., 2012).

2.1.2 Factores químicos que influenciam a qualidade da água

2.1.2.1 Oxigénio dissolvido

A principal fonte de oxigénio é o fitoplâncton na água e a simples difusão a partir da atmosfera quando há vento. Assim, a solubilidade do oxigénio diminui tanto com o aumento da temperatura como com o aumento da salinidade. O principal contributo de oxigénio para um rio ou lago é a "re-aeração" por difusão do oxigénio através da interface ar-água. Os ciprinídeos são menos exigentes do que os outros peixes; podem sobreviver em águas com 6 a 8 mg/l de oxigénio dissolvido e só mostram sinais de asfixia quando a concentração de oxigénio desce para 1,5 a 2,0 mg/l. O aumento da temperatura da água de 10 para 20°C duplica a necessidade de oxigénio; um maior peso total de peixes por unidade de volume de água pode levar a um aumento da atividade e da respiração como resultado da sobrelotação (Svobodová, Z.etal, 1993). Os peixes de tilápia preferem >5mg/l e toleram 3-4mg/l de nível de oxigénio (Lloyd, R. 1992).

A depleção de oxigénio pode ocorrer por diferentes razões. As situações tipicamente associadas à depleção de oxigénio são: dias quentes, nublados e parados (sem vento); estratificação de lagoas ou lagos seguida de reviravoltas (a mistura de camadas estratificadas, que se desenvolvem durante o verão em lagoas ou lagos ou lagos com 8 pés de profundidade ou mais); após uma súbita extinção de algas (por causas naturais ou após uma aplicação química); e decomposição de resíduos orgânicos (a depleção de oxigénio ocorrerá na presença de matéria orgânica excessiva de produtos residuais, como alimentos não consumidos).

Sempre que os níveis de oxigénio dissolvido descerem abaixo de 3 a 4 ppm, ocorrerá stress de oxigénio. A falta de oxigénio dissolvido adequado é a principal causa de morte de peixes ((Tushar K. G.,2012).

A maioria dos lagos tem uma grande bacia com uma zona de água desoxigenada no verão. Esta zona determina a profundidade a que o oxigénio dissolvido é inferior a 0,5 ppm. Esta profundidade é, por conseguinte, designada por "profundidade crítica" porque o zooplâncton não se encontra abaixo dela. A recolha da rede de plâncton deve começar a essa profundidade. Alguns lagos, de maior profundidade ou de menor produtividade (oligotróficos), retêm algum oxigénio dissolvido nas águas de fundo durante o verão. (Merle G. Galbraith, Jr. e James C. Schneide, 2000).

Entre os gases dissolvidos, o oxigénio dissolvido desempenha um papel crucial no que diz respeito à qualidade da água. É fundamental para a respiração dos organismos aquáticos (Colman et al., 1992). Por conseguinte, o oxigénio dissolvido é um dos factores determinantes para a sobrevivência e o crescimento dos organismos aquáticos.

2.1.2.2 Alcalinidade

A alcalinidade é a soma total dos iões que reagem para neutralizar os iões de hidrogénio quando um ácido é adicionado à água. O valor ideal para peixes é de 50-300mg/l (Santhosh, B. e Singh, P. 2007).

2.1.2.3 Condutividade eléctrica

A CE é a capacidade de uma substância conduzir uma corrente eléctrica, medida em microsiemens por centímetro (pS/cm). Os iões presentes na água conferem a sua capacidade à CE. A condutividade também é um indicador da quantidade de sais dissolvidos num curso de água. A condutividade é frequentemente utilizada para estimar a quantidade de TDS em vez de medir cada constituinte dissolvido separadamente.

2.1.2.4 Sólidos suspensos

Os sólidos em suspensão podem reduzir a visibilidade, tornando difícil para os peixes encontrarem as suas presas. Os sólidos também podem obstruir as guelras dos peixes e sufocar macro-invertebrados como os insectos. O teor de cálcio Ca++ da água doce da albufeira de Mod sagar oscilou entre 18,0 e 33,2 mg/l (Shinde Deepak e Ningwal Uday Singh, 2014). Esta massa de água pode ser classificada como água "rica" em cálcio, que é superior a 25 mg/1 (Nadeem S.1994). Segundo Jhingran, os lagos de águas moles são geralmente mais pobres em flora e fauna aquáticas (Jhingran, 1988).

De acordo com Shinde Deepak e Ningwal Uday Singh (2014), o teor de cloreto (cl-) do reservatório de Mod sagar variava entre 22 e 36 mg/l. A água doce contém normalmente 8,3 mg/l de cloreto (Ohle W.,1934).

De acordo com Swarnalatha N. e Rao A.N, 1998 e Quality Criteria for Water, U.S, 1986, o total de fosfato/fósforo recomendado para rios e riachos é de 0,1 mg/l. A ausência de fosfato pode ser uma boa razão para a fraca produtividade da água. As águas naturais com um teor de fósforo superior a 0,2 ppm Po4 são susceptíveis de serem bastante produtivas (Jhingran V.G.1988).

Shinde Deepak e Ningwal Uday Singh (2014) verificaram que os valores de nitrato da água do reservatório de Mod sagar variavam entre 0,23 mg/l e 0,98 mg/l. Com base nos critérios sugeridos por Swarnalatha N. e Rao A.N, 1998, e nos Critérios de Qualidade da Água, EUA, 1986, os níveis de nitratenitrogénio inferiores a 90 mg/l não têm qualquer efeito nos peixes de águas quentes.

Quadro 3 Quadro de normas/critérios de qualidade da água relevantes para a aquicultura de água doce

Parameter	Unit	Australia	Brunei	Kenya	Malaysia	New Zealand	Norway	philippines	Desirable/fresh
pH		5.0 - 9.0	6.9	5.0 - 9.0	6.5-9.0	5.0 - 9.0	6.5-9.0	6.5 - 8.5	6.5-9
DO	mg/L	> 5.0	-	3.0 - 7.0	> 5.0	>6	5.0	-	> 5.0-6.0
NH4	mg/L	< 1.0	-	-	-	< 1.0	-	-	-
NH3	mg/L	< 0.03	-	-	-	< 0.03	1.37	-	-
NO3	mg/L	50	-	7.0	-	50	10	-	<0.5
NO2	mg/L	0.10	-	0.40	-	0.10	0.06	-	-
P	mg/L		-	0.1-0.2	-	-	< 0.025	0.05-0.2	-
PO4	mg/L	< 0.10	-	< 0.10	-	-	-	-	-
TSS	mg/L		-	< 40	30	-	25-150	< 40	<10%
TDS	mg/L		1,200	500-1000		-	-	-	-
Mercury	µg/L	< 1.0	5.0	< 1.0	-	.01	2.0	1.4	-
Lead (Pb)	µg/L	< 1.0-7.0	-	10	-	< 1.0-7	1-7	50 65	< 3.2

2.3Peixe e pesca

As populações de peixes são altamente dependentes das variações das caraterísticas físico-químicas do seu habitat aquático, que suporta as suas funções biológicas (Mushahida-Al-Noor e Kamruzzaman, 2013, Whitfield 1998; Albaret 1999; Blaber, 2000; Jeffries e Mills, 1990; Furhan Iqbal, et al., 2004; Ali, 1999; Koloanda e Oladimeji, 2004; Ojutiku e Kolo, 2011)

A disponibilidade de água de boa qualidade é importante para todos os sistemas de piscicultura, mas a quantidade de água é ainda mais importante para os sistemas de piscicultura. Ao longo do século, o peixe tem sido um elemento vital da alimentação humana. A necessidade de melhorar a produção de peixe através da piscicultura tornou-se uma questão crítica (Eira Carballo, et al, 2008).

A pesca pode ser combinada com a agricultura, a criação de animais e as práticas de irrigação, o que pode levar a uma melhor utilização dos recursos locais e, em última análise, a uma maior produção e lucros líquidos.

2.4 Fitoplâncton

O fitoplâncton produz hidratos de carbono a partir da luz solar e liberta oxigénio. Esta é a principal fonte de energia e oxigénio no ecossistema. Os zooplânctons que se alimentam do fitoplâncton constituem a principal fonte de alimento para os peixes (Santhosh, B. Sclenrlsr e Singh, N.P., 2007). De um modo geral, o desenvolvimento do fitoplâncton nas águas é determinado pelos mesmos parâmetros físicos e químicos, como a temperatura, a disponibilidade de luz e os nutrientes. A concentração de clorofila-a é também determinada como uma medida da biomassa fitoplanctónica (Hötzel, G. e Croome, R. 1999). O disco de Secchi é utilizado para estimar a densidade do fitoplâncton e a fertilidade do lago.

O desenvolvimento do fitoplâncton é profundamente influenciado pela mudança do ambiente nos ecossistemas lacustres ao longo do tempo. A comparação dos resultados de investigações recentes com os resultados obtidos há vários anos pode levar a conclusões significativas sobre as alterações da qualidade da água dos lagos ao longo do tempo (Salmaso, 2002).

Ashitey e Flake, 2010, afirmaram que o peixe é uma fonte mais barata e preferida de proteína animal, que contribui com cerca de 60% da ingestão de proteína animal no Gana. No seu relatório, a produção doméstica anual de peixe no Gana tem flutuado, mas, de um modo geral, tem registado um declínio suave desde 2000, passando de 460 000 toneladas para 436 000 toneladas em 2008.

CAPÍTULO 3

3. MATERIAL e MÉTODO

3. 1. descrição da área de estudo

O lago Kabo é um pequeno lago circular e natural situado na Etiópia, no estado regional de Gambela, zona de Majang, Godere worada, Gubeti kebele (Etiópia). Situa-se a cerca de 651 km de Adis Abeba e a 40 km da cidade de Tepi. Situa-se à Latitude: 7^0 18'10.36 "N e à Longitude: 35^0 16'5.42" E, a uma altitude de 1397m acima do nível médio do mar (Fig. 3 e 4). Está rodeada de floresta natural e de grandes explorações de café verde.

Fig.1 A localização do Lago Kabo na Etiópia (Lago Bureyi)

3.2 Local de amostragem e técnica de amostragem

Foi utilizada uma técnica de amostragem desenhada e foram tomadas quatro estações de amostragem no lago com base na sua importância: a partir de um local onde o homem entra no lago, num local onde o afluente alimentador encontra o lago, aproximadamente no centro do lago e no local onde a atividade de pesca é preferencialmente realizada pela sociedade local. Os locais de amostragem são rotulados como SS1 (local de amostragem um), SS2 (local de amostragem dois), SS3 (local de amostragem três) e SS4 (local de amostragem quatro). A coleta de amostras foi feita mensalmente por imersão direta dos vasos de polietileno (PVC) logo abaixo da superfície do lago na profundidade de 30cm-50cm por 10 meses de outubro de 2013 a agosto de 2014 G.C.

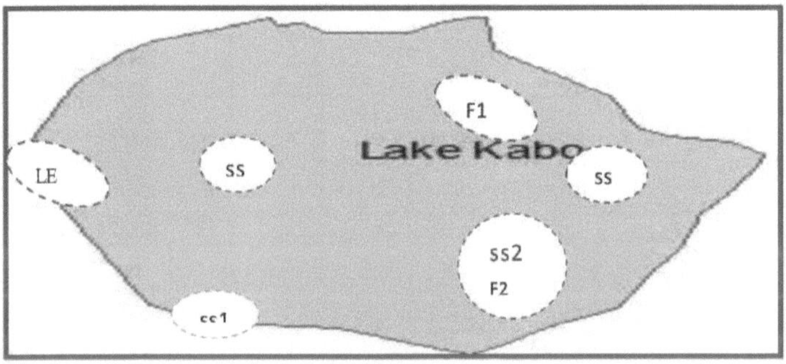

Fig. 2. Forma do lago, locais de amostragem e locais de caça (LE - saída do lago, SS - local de amostragem, o número indica o número do local de amostragem e F1, SS4, F2/SS2 representam a área do lago onde a caça de peixes é abundante).

Fig 3 Mapa da região de Gambela e do lago Bureyi (Kabo)

3.3 Conceção do local de estudo

O lago está situado a Longitude: 35^0 16'5.42" e Latitude: 7^0 18'10.36"

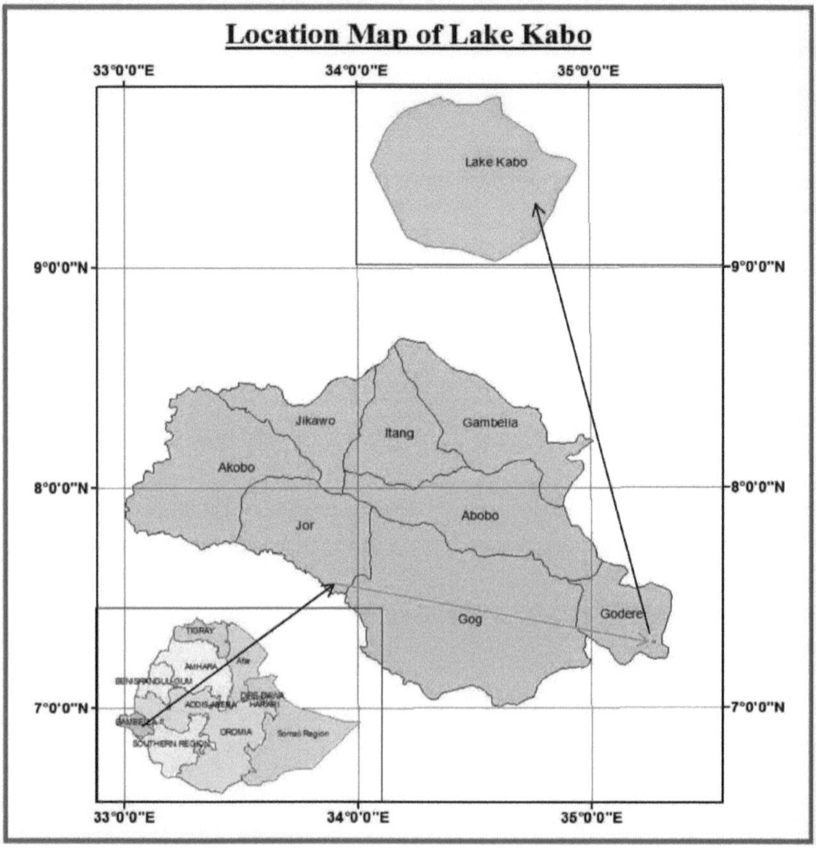

Figura 4 Mapa de localização do lago Kabo

3.4 Métodos e procedimentos experimentais

Quadro 4. Parâmetros de qualidade da água e inspecções para os inquéritos

Physical and chemical parameters analyzed during the study period		
Chlorine	pH	EC
Calcium	STD	Total alkalinity
Phosphate	Turbidity	
Conductivity	DO	
T^0	Depth	

As amostras de água foram recolhidas durante a manhã nas estações de amostragem de água do lago. De cada amostra, o pH, o T^0 , o TDS, a transparência, a profundidade e a CE foram analisados in situ; enquanto as amostras de água para analisar o oxigénio dissolvido (OD) e a alcalinidade total foram conservadas e analisadas no laboratório de investigação do centro nacional de laboratórios de solos, situado no povo da nacionalidade do sul (SNNP), no sudoeste da Etiópia, em Tepi. Todos os medidores e equipamentos de campo foram verificados e calibrados de acordo com as especificações do fabricante.

As amostras de água de quatro locais selecionados foram recolhidas mensalmente em garrafas de polietileno transparentes préesterilizadas. Numerosos parâmetros físicos e químicos foram avaliados de acordo com os métodos padrão (APHA, 1991).

Um litro de amostra de água de cada estação de amostragem foi recolhido e colocado numa garrafa de polietileno, codificado e transferido a frio para o laboratório para análise de acordo com os métodos padrão sugeridos por Frank M. Dunnivant, 2004 e APHA, 1992. As amostras de PH, temperatura (T^0), transparência, profundidade e condutividade eléctrica (CE) foram analisadas in situ utilizando um medidor de PH portátil de laboratório (PH 600, intervalo 0,0/14 PH, precisão + 0,1), a CE foi determinada por um medidor de CE portátil (medidor de condutividade cc 101, modelo Elmron I P67).

As amostras de água para oxigénio dissolvido (OD), TDS e alcalinidade total foram analisadas no laboratório. A alcalinidade total foi estimada titrimetricamente utilizando HCl 0,02N com verde de bromocresol. O OD foi medido titrimetricamente com base no método/procedimento de Winkler. A transparência do lago foi determinada com o auxílio do disco de Secchi. O disco foi baixado na água e a profundidade a que desapareceu foi observada e registada. Em seguida, o disco foi retirado gradualmente da água e a profundidade a que se tornou visível foi observada e registada. A transparência da massa de água foi calculada como a média das duas leituras.

A análise química das amostras foi realizada para a determinação de aniões e catiões, incluindo concentrações de nitrato (NO3-) e dureza, seguindo um procedimento laboratorial normalizado. O nitrato (NO3-) foi identificado utilizando o método de rastreio espetrofotométrico UV (APHA, 1998), no qual se utilizou uma célula de sílica de 1 cm (espetrofotómetro UV-visível) para utilização a 220 nm e 275 nm. Tanto a amostra como o padrão foram tratados com HCl 1M. Foi utilizado um comprimento de onda de 220 nm para obter a leitura de NO3- e um comprimento de onda de 275 nm para determinar a interferência devida à matéria orgânica dissolvida. Tanto para a amostra como para os padrões, subtraiu-se duas vezes a leitura da absorvância a 275 nm da leitura a 220 nm para obter a absorvância devida ao NO3-.

A dureza, que representa a concentração de iões de cálcio e magnésio, foi determinada conforme indicado na literatura (APHA, 1998). Para o efeito, transferiram-se 100 ml de amostra para um erlenmeyer. Adicionaram-se 2 ml de solução tampão, seguidos de cerca de 0,4 g de indicador sólido. As amostras foram tituladas imediatamente, mas lentamente, com agitação contínua, até desaparecer a última coloração avermelhada e se observar a cor azul. O branco do reagente utilizado para comparação foi titulado de forma semelhante à da amostra. Finalmente, o titulante ácido etilenodiaminotetracético (EDTA) foi padronizado em relação ao padrão de cálcio.

3.5 Análise estatística

Os dados obtidos foram submetidos a uma análise estatística descritiva (limite de confiança de 95%). O cálculo foi efectuado com a utilização do pacote estatístico para as ciências sociais (SPSS versão 16) para determinar a média, o desvio padrão, o limiar e o coeficiente de variação e os valores de intervalo. A correlação foi efectuada utilizando o método de correlação simples de Pearson. Os resultados dos parâmetros da água também foram comparados com as normas de qualidade da água para verificar se a água do lago está dentro dos limites aceitáveis para a criação de peixes ou não.

CAPÍTULO 4

4. RESULTADO

4.1 Breve história do lago Kabo

O lago é designado localmente como "Bishan wak'a" pelo povo oromo e lago "Bureyi" pelo povo mezengir (Per. Comm.).

As mesmas pessoas oferecem uma prenda ao lago sob a forma de dinheiro ou de animais, partindo do princípio de que este pode trazer mais saúde e riqueza.

É normal encontrar-se à volta do lago galinhas animadas e dinheiro largado sob a forma de moedas.

De acordo com as informações dos residentes originais, a área ocupada pelo lago era uma floresta onde os seus antepassados praticavam a caça.

Acredita-se que o lago tenha sido formado por uma erupção vulcânica ocorrida há muitos anos (Com. Pess.). As diferenças de temperatura que ocorrem entre a água do rio e a água do lago levam os moradores a pensar que o rio passa pelo lago sem se misturar.

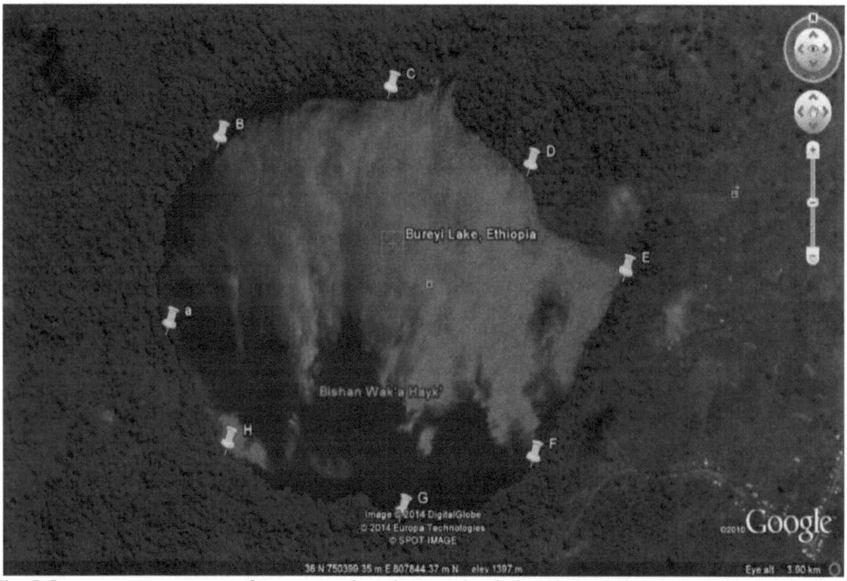

Fig. 5. Imagem que mostra o coberto vegetal verde em redor do lago kabo (imagem pontual Google 2014)

4.2 Aspeto morfométrico e caraterísticas do lago

Fig. 6. Diferentes vistas do lago Kabo (Bishan waka'a) e da sua vegetação. A) Corpo parcial do lago B) Vista do lago a partir da parte de entrada do lago.

Quadro 5 Breve informação/carácter morfométrico do lago Kabo

Morphometry characteristics	Description
1. District	Godere
2. Type	Lake Rural
3. Lake elevation (meters) , Altitude (m)	1397m above mean sea level
5. Mean water Temperature of Lake	23 °C
6.Surface area (hectares /km^2)	14,000squ.meter/ 1.4 hectare/0.014 Km^2
7. maximum Depth (m)	20.5 m
Mean (M)	12 m
Minimum depth (m)	0.50 m
8. Shape of the Lake	Circular
9. Average Secchi Depth	48.32 cm
10.Water Current of the Lake	Very less water current

4.3 Propriedades físico-químicas do lago Kabo

4.3.1 Caraterísticas físicas do lago

A área do lago era de 14 000 metros quadrados (1,4 hectares ou 0,014 km^2 (calculado pela técnica de análise de dados SIG, tabela 5). Um resumo dos resultados dos parâmetros de análise físico-química das amostras de água colhidas em vários locais de estudo foi apresentado numa tabulação em diferentes tópicos e subtópicos. A profundidade do lago era diferente nas várias zonas do lago. A profundidade máxima registada foi no mês de maio (20,5 m) e a profundidade média foi de 12 m no momento da medição (quadro 5).

4.3. 2Propriedades físico-químicas do lago Kabo

Tabela 6. Valor físico-químico anual do lago Kabo

Annual lake water parameter					
	unit	Minimum	Maximum	Mean	Std. Deviation
T	°c	19.00	25.10	22.9982	±1.57928
PH		6.10	8.70	7.6508	± .83468
TDS	Mg/l	60.00	320	183.43	±64.89287
TA	Mg/l	101.00	195.00	172.85	±16.87693
EC	µS/cm	90.00	191.00	127.22	±41.01139
DO	Mg/l	2.80	4.70	3.5800	±. 59191
Ca++	Mg/l	2.00	11.80	7.6112	± 2.59149
PO4	Mg/l	0.02	0.99	**0.1039**	**± 0.14598**
Chloride	Mg/l	0.89	3.00	1.5102	**±0.67688**

A média anual de temperatura, PH, TDS, TA, EC e DO do lago foi de 23 C^0 , 7.65, 205.64mg/l, 173.3mg/l e 4.34mg/l respetivamente. A média anual de PO4, cloretos e Ca^{++} também foi de 0,1039mg/l, 1,5102mg/l e 7,6112mg/l, respetivamente.

Tabela 7. Estatísticas de correlação de Pearson de diferentes parâmetros da água do Lago Kabo

parameter	PH	T^0	T.al	DO	EC	TDS
PH	1	.727**	.078	.243	-.601**	-.832**
T^0	.727**	1	-.109	.399*	-.614**	-.574**
T.al	.078	-.109	1	.197	.103	-.087
DO	.243	.399*	.197	1	-.289	-.184
EC	-.601**	-.614**	.103	-.289	1	.569**
TDS	-.832**	-.574**	-.087	-.184	.569**	1

**. A correlação é significativa ao nível de 0,01 (bicaudal). *. A correlação é significativa ao nível de 0,05 (2 caudas)

Tabela 8. Valor mensal dos parâmetros físico-químicos dos locais de amostragem do Lago kabo (0ct 2013-julho 2014).

par	T^0				PH				TDS				T.alk				EC				OD			
S	S1	S2	S3	S4	S1	S2	S3	S4	S1	S2	S3	S4	S1	S2	S3	S4	S1	S2	S3	S4	S1	S2	S3	S4
O	21	22	19	18	7.8	7.55	7.2	7.6	155	170	175	185	178	169	183	179	98	103	120	155	2.9	3.0	4.0	4.2
N	23.6	22.6	20	19	7.7	7.5	7.54	7.7	157	175	188	193	182	101	182	192	101	119	132	139	3.0	3.5	4.5	4.0
D	23	2	22	21	8.3	8.0	8.4	8.2	160	160	170	165	180	172	184	172	107	106	110	104	2.9	3.0	3.5	4.5
F	23.6	22.8	21	20	8.3	8.4	8.5	8.4	180	169	162	168	175	170	195	190	115	120	115	108	3.1	3.5	4.3	4.0
M	23	23	20	21	8.6	8.5	8.6	8.7	100	60	80	120	170	181	172	189	105	90	98	103	3.3	3.0	3.9	4.2
A	24.6	23.7	19	18	8.4	8.4	8.3	8.4	201	198	195	205	168	167	191	193	103	121	120	128	2.8	2.9	4.2	4.0
M	24	22	19	19	8.2	8.1	8.0	8.0	220	210	222	201	151	158	162	170	119	129	130	98	2.9	3.0	4.3	4.2
J	23	22.05	22.8	18.6	7.5	7.34	7.1	6.5	251.3	242	251	250	159	161	153	150	171	160	178	170	2.9	3.0	3.4	4.7
J	21	22.5	22	20	6.2	6.4	6.3	6.5	198	210	170	251	183	162	172	189	135	165	133	171	3.3	3.0	3.0	4.5
A	20	19	19	20	6.1	6.2	6.2	6.4	170	160	210	230	180	173	179	195	130	121	191	168	3.3	3.8	4.0	4.2

Foram efectuadas análises físico-químicas mensais em diferentes parâmetros. O PH máximo foi registado em março (8,7), TDS (251,3mg/l) em junho, TA (195mg/l) em agosto e fevereiro, EC (191mg/l) em agosto, DO (4,5mg/l) em dezembro e a temperatura foi de 24,6C^0 no mês de abril (Tabela 2).

Tabela 9. Valores máximos, mínimos e médios anuais dos resultados das estações de amostragem

Descriptive Statistics						
Sampling	Parameters	N	Minimum	Maximum	Mean	Std. Deviation
SS1	T°	10	20.00	24.90	23.12	±1.59778
	PH	10	6.10	8.60	7.71	±.89001
	TDS	10	100.00	251.300	179.23	±4.1495
	T.al	10	151.00	183.00	172.60	±10.64790
	EC	10	98.00	171.000	118.400	±52.37907
	DO	10	2.800	3.300	3.03333	±.177525
SS2	T°	10	19.00	24.90	22.791	±1.56678
	PH	10	6.20	8.50	7.6390	±.81410
	TDS	10	60.00	242.000	175.40	±68.27729
	T.al	10	101.00	181.00	161.40	±22.2471
	EC	10	90.00	165.000	123.40	±36.53370
	DO	10	2.900	3.800	3.14167	.287492
SS3	T°	10	19.00	25.00	22.922	±1.66998
	PH	10	6.20	8.60	7.6140	±.89204
	TDS	10	80.00	251.00	182.30	±70.43723
	T.al	10	153.00	195.00	177.30	±12.84134
	EC	10	98.000	191.000	132.700	±34.19231
	DO	10	3.000	4.500	3.84167	±.503548
SS4	T°	10	20.00	25.10	23.16	±1.70633
	PH	10	6.40	8.70	7.64	±.87331
	TDS	10	120.00	251.000	196.800	±64.82935
	T.alk	10	150.00	195.00	181.90	±14.25521
	EC	10	98.000	171.000	134.400	±43.65318
	DO	10	4.000	4.700	4.20833	±.239159

As estações de amostragem 3 e 4 foram registadas com melhor valor para peixes do que os outros locais. Os peixes tilápia foram agregados em torno destas estações de amostragem e a pesca ocorre aí.

Tabela 10. Os valores anuais mínimo, máximo e médio de DO do Lago Kabo com base no local de amostragem (2013/2014).

Descriptive statistics					
Sampling stations	N	Minimum	Maximum	Mean	Std. Deviation
SS1	10	2.800	3.300	3.033	±.177525
SS2	10	2.900	3.800	3.1416	± .287492
SS3	10	3.000	4.500	3.8416	± .503548
SS4	10	4.000	4.700	4.2083	± .239159

O nível anual de DO do lago por estação de amostragem Os locais de amostragem codificados como SS3 e ss4 registaram o valor máximo de DO.

Quadro 11 Valor médio sazonal dos parâmetros físico-químicos

Seasons / parameter	Av. Tem	Av.pH	Av.TDS	Av.T.al	Av.EC	AvOD
Summer (June-August)	20.8 ^{0}C	6.6	216.11 mg/l	171.3 mg/l	157.75 mg/l	3.6 mg/l
Spring (Sep-Nov	20.65	7.6	174.75 mg/l	170.75 mg/l	120.9mg/l	3.64mg
Winter(Dec-Jan)	20.2 0C	8.4	141.2 mg/l	179.2 mg/l	106.75 mg/l	3.62 mg/l
Autumn (March-may)	21.36 0C	8.35	167.7 mg/l	172.7 mg/l	112 mg/l	3.6 mg/l

O estado sazonal dos parâmetros do Lago Kabo, ou seja, a média de três meses, também determinou os resultados dos parâmetros. O DO foi muito baixo em todas as quatro estações. O pH mais elevado registou-se no outono (março-maio) e no inverno (dezembro-janeiro). O valor mais baixo registou-se no verão. Os valores mais elevados de sólidos totais dissolvidos e de condutividade eléctrica foram registados no verão e os mais baixos no inverno. A alcalinidade total foi maior no inverno e menor na primavera.

4.3 Espécies de peixes no lago

As actividades de pesca foram confinadas às estações de amostragem SS3 e SS4. Estas partes do lago estão expostas ao arejamento e às mesmas plantas aquáticas. Tradicionalmente, os caçadores de peixe caçam um máximo de 40 peixes por dia no lago. Para além do baixo rendimento dos peixes, estes estão expostos a morte súbita (observação pessoal e figura 4.3) e a carne dos peixes não tem sabor quando comparada com a carne de peixe normal (comunicação pessoal e observação).

CAPÍTULO 5

5. DISCUSSÃO

A maioria das águas é adequada para a produção de peixes, embora as tolerâncias a diferentes parâmetros de qualidade da água variem consoante as espécies de peixes. As caraterísticas físico-químicas da água são importantes factores determinantes do sistema aquático. As suas caraterísticas são grandemente influenciadas pela vegetação climática e pela composição geral da água. A qualidade da água regula a "adequação da água a uma determinada utilização". O seu teste fornecerá informações sobre o bem-estar da água. Ao observar a qualidade de uma determinada água ao longo de um período de tempo, é possível detetar as alterações na qualidade da água.

Neste trabalho de base do estudo das caraterísticas físico-químicas, foram investigados oito parâmetros. Tais parâmetros foram PH, T ° , Transparência, TDS, DO, Profundidade, Alcalinidade e CE. O PH, o T^0 e a transparência foram considerados e estudados como caraterísticas físicas e o TDS, o DO e a alcalinidade foram avaliados como parâmetros químicos. É verdade que um ecossistema aquático saudável depende muito dos parâmetros da água acima referidos, pelo que estes foram tomados em consideração. Para lidar com os problemas relacionados com o desenvolvimento da pesca no habitat aquático natural, é necessário investigar as caraterísticas químicas da massa de água do lago. A maioria das águas é adequada para a produção de peixe, embora as tolerâncias a diferentes parâmetros de qualidade da água variem consoante as espécies de peixe.

5.1 Caraterísticas morfométricas do lago Kabo

5.1.1 Forma e área do lago Kabo

A forma do lago é quase circular (Fig. 4) e a sua área é de 14 000 metros quadrados (1,4 hectares ou 0,014 km^2 (calculado pela técnica de análise de dados SIG, quadro 5).

5.1.2 Profundidade do lago Kabo

A profundidade do lago varia significativamente em diferentes áreas; a profundidade máxima registada foi de 20,5 m, no mês de maio, e a profundidade média foi de 12 m no momento da medição (Quadro 4.1).

5.1.3 Principais fontes de água e corrente de água do lago Kabo

O lago tem três fontes de água (maior influência do lago), um pequeno rio (que é localmente conhecido como "Bure"), água de nascente (localmente conhecida como "Togo Bure" da colina/terreno elevado que rodeia o lago (observação pessoal) e maioritariamente água subterrânea. A corrente de água do Lago Kabo é insignificante (observação pessoal). Isto deve-se à floresta natural, à colina/terreno elevado que rodeia o lago e à baixa atitude (1397m) do lago. Tem uma saída que é o caminho de um pequeno rio. Existe pouco escoamento no inverno, que provém dos terrenos muito elevados, da floresta e do pequeno rio que entra no lago e que o atravessa sem se misturar com a água do lago (per.com.). O nível da água do lago era de 1397 m acima do nível médio do mar (contra mapa, Google earth, 2 de maio de 2004, quadro 5). Não se espera que a poluição seja um problema, uma vez que na zona não existem grandes indústrias nem agricultura em grande escala. O lago está rodeado por vegetação natural (floresta densa protegida, Fig. 3) e raramente é utilizado como área recreativa.

5.1.4 Ventos para o lago

O vento desempenha um papel crucial nas propriedades limnológicas dos lagos. Tem uma ação de mistura que reduz qualquer estratificação físico-química do lago. Este processo pode ajudar a libratar os sais nutrientes absorvidos e regenerados a partir do fundo. A ação do vento ajuda também a dissolver o oxigénio atmosférico necessário para as actividades metabólicas de vários organismos. No entanto, a ação do vento na água do lago Kabo foi muito limitada pela topologia (baixo nível de atitude) do lago e pela sua vegetação. O carácter pouco profundo do lago Tana (profundidade máxima de 14 m e média de 8 m), a baixa variação de temperatura e a presença de um vento bastante forte após o pôr do sol permitem geralmente que a água seja bem misturada (BCEOM, 1998). Por conseguinte, não existe uma camada de estratificação no lago. No verão, o vento é ligeiro e no inverno é muito fraco. Este facto tem um efeito negativo na mistura do oxigénio atmosférico com a água e aumenta o nível de DO. O vento foi considerado como o principal fator para a quantidade limitada de DO do lago

Kabo.

5.2 Propriedades físico-químicas do lago Kabo

As caraterísticas físico-químicas da água são importantes factores determinantes do sistema aquático. A sua caraterística é muito influenciada pela vegetação climática e pela composição geral da água. O presente estudo foi realizado de outubro de 2013 a agosto de 2014. A comparação das caraterísticas físico-químicas da água do lago foi efectuada com as normas da OMS (1993), as normas BIS (1991) e outros documentos relacionados. Estes parâmetros são discutidos em seguida.

5.2.1 PH

Um medidor de pH é um instrumento eletrónico utilizado para medir o pH de um líquido e, normalmente, consiste numa sonda de medição especial (um elétrodo de vidro) ligada a um medidor eletrónico que mede e apresenta a leitura do pH. Em lagos frescos, os baixos níveis de pH podem acelerar a libertação de metais das rochas e sedimentos. Estes metais podem afetar o metabolismo do peixe e a sua capacidade de absorver água através das guelras. O pH regula a maior parte dos processos biológicos e das reacções bioquímicas. O pH é interdependente de outros parâmetros de qualidade da água, como o dióxido de carbono, a alcalinidade e a dureza. Pode ser tóxico em si mesmo a um certo nível, e também se sabe que influencia a toxicidade do sulfureto de hidrogénio, cianetos, metais pesados e amoníaco (Klontz, 1993). A 25^0 C, um pH de 7,0 será aceite como neutro, ou seja, nem ácido nem básico, enquanto que valores inferiores a 7,0 são considerados ácidos e superiores a 7,0 são básicos. O pH das águas naturais varia entre 5,0 - 10,0, enquanto o da água do mar é próximo de pH 8,3.

O pH regula a maior parte dos processos biológicos e das reacções bioquímicas. O pH mostrou flutuações ao longo do período de estudo e situou-se no intervalo de 6,1-8,7 (média anual: 7,65 $\pm$ 0,83468) (Tabela 6). O valor máximo de pH foi registado na estação de amostragem S4 (local de entrada do rio, em julho, tabela 8) que é de 8,7 e o valor mínimo de pH foi registado na estação de amostragem S4 que é de 6,1 (registado no mês de agosto, tabela 8). O valor médio máximo de pH foi registado na estação de amostragem 1 (7,71 $\pm$ 0,89001) e o valor mínimo foi de 7,6140 $\pm$,89204 na SS3 (tabela

9). O resultado refere que o valor do pH para todas as amostras analisadas estava dentro dos limites aceitáveis estabelecidos pela OMS (1963)/BIS (1991). O PH tem uma forte correlação positiva com T^0 (0.727) p valor < 0.01 e negativamente correlacionada com EC (-0.601) e TDS (-0.832) a $p<0.01$ (Tabela 7) durante o período de estudo. O intervalo obtido nesta investigação foi completamente concordante com o valor sugerido (6,0-9,0) por Assiah, V. et al. (2004) e Jhingran, V. (1988). A condição sazonal dos parâmetros do Lago Kabo, ou seja, a média de três meses, também foi determinada. O pH mais elevado registou-se no outono (março-maio) e no inverno (dezembro-janeiro). O valor mais baixo registou-se no verão.

5.2.2 Temperatura

A temperatura é um dos factores ecológicos mais importantes, que controla o comportamento fisiológico e a distribuição dos organismos. Uma profundidade de água adequada pode reduzir a flutuação da temperatura da água e a qualidade da água pode ser facilmente mantida. Diferentes espécies de peixes adaptam-se a diferentes temperaturas. A temperatura da água é uma condição importante para avaliar se as espécies de peixes selecionadas podem ser criadas. No presente estudo, o valor mais baixo da temperatura da água foi encontrado no mês de agosto (19°C) e o mais alto em maio (25.1 °C), enquanto a temperatura média anual foi de ~23°C $\pm$ 1.57928 (Tabela 6). Relativamente às estações de amostragem SS1 e SS4 obtiveram o valor médio anual máximo (23,16 C^{0} and 23,16 respetivamente, tabela 9) do que os restantes dois locais de amostragem. O resultado foi encontrado abaixo do limite permissível para a vida aquática como recomendado pela OMS (1963)/BIS (1991) (30-35^0 C) e Dennis, P. et al., 2009 para peixes Tilápia (25-32 °C) mas concordou com o de Jhingran, (1988) e Assiah, V, et al. (2004) para peixes (20°C - 30°C).

5.2.3 Condutividade eléctrica

A condutividade eléctrica estima a quantidade de sais totais dissolvidos (TDS), ou a quantidade total de iões dissolvidos na água. A condutividade é proporcional à quantidade de sais dissolvidos na água. Na presente investigação, o valor mais baixo de CE foi obtido em outubro (98{is/cm) e os valores mais elevados (235 gs/cm) registados em julho (tabela 6) com o valor médio anual de 150,59{is/cm (tabela 6). O resultado médio máximo foi registado em agosto (206 gs/cm e o mais baixo em fevereiro (108 |is/cm). Os resultados da condutividade eléctrica e do total de sólidos dissolvidos foram positivamente correlacionados com o TDS (r=0,569 a P<0,01, tabela 7). O aumento da condutividade eléctrica foi completamente associado à quantidade de sólidos dissolvidos nas águas das amostras analisadas. O nível médio anual de CE da SS4 foi significativamente maior do que os restantes (158,60 ±43,653, tabela 6). O resultado obtido durante o período de estudo foi baixo quando comparado com o valor especificado pela OMS (1963)/BIS (1991) como limite permissível para a vida aquática.

5.2.4 Sólidos totais dissolvidos (TDS)

Na água natural, os sólidos dissolvidos são compostos principalmente por carbonatos, bicarbonatos, cloretos, sulfatos, fosfatos, nitratos, cálcio, magnésio, sódio, potássio, ferro e manganês, etc. (Esmaeili, H. R. e Johal, M.S, 2005). Um valor máximo de 400 mg/L de sólidos totais dissolvidos é admissível para diversas populações de peixes (Boyd e Tucker, 1998; Ali et al., 2002). Os sólidos totais dissolvidos indicam a presença de matéria orgânica e inorgânica na amostra. Têm origem na dissolução ou meteorização das rochas e do solo, incluindo a dissolução da cal, do gesso e de outros minerais do solo de dissolução lenta. É a quantidade agregada de todos os sólidos suspensos flutuantes presentes na amostra de água. O valor médio anual de TDS registado no lago foi de 183,43+64,89287mg/l e variou entre 60 e 320mg/l (Tabela 6). O valor mais elevado foi registado no mês de agosto (320mg/l) e o mais baixo foi de 60mg/l no mês de março (tabela 6). A SS4 registou o valor mais elevado e a SS2 registou o valor médio anual mais baixo, 213,80+64,82935 e 199,7+68,27729 respetivamente. O valor de TDS da água do lago Kabo está de acordo com o limite especificado pela OMS (máx. 1000 mg/l) e com a norma BIS (máx. 500mg/l) para a qualidade da água potável. Quando a amostra tem uma medição baixa da condutividade, o TDS também é consistentemente baixo em todas as estações. Neste estudo, o local de amostragem S3 registou o maior TDS (182,30+70,43723) a seguir a

S4 (196,800+64,82935, tabela 8). Os valores mais elevados de sólidos totais dissolvidos e de condutividade eléctrica foram registados no verão e os mais baixos no inverno.

5.2.5 Alcalinidade total

A alcalinidade é a medida da capacidade da água para neutralizar ou tamponar os ácidos utilizando iões de carbonato, bicarbonato e, em casos raros, hidróxido, protegendo assim os organismos de grandes flutuações no pH. A alcalinidade é um conceito relacionado que é normalmente utilizado para indicar a capacidade de um sistema para tamponar os impactos ácidos. A capacidade de tamponamento é a capacidade de uma massa de água resistir ou amortecer as alterações de PH. A alcalinidade total da água é a qualidade da água e os tipos de componentes presentes na água, como o bicarbonato, o carbonato e o hidróxido. O intervalo anual encontrado foi de 101-195mg/l com uma média anual de 172,85+16,87693 (tabela 1). O valor mais baixo foi registado em abril (101 mg/l) e o valor mais alto foi obtido no mês de fevereiro (195mg/l).

O valor obtido nesta investigação está de acordo com o limite admissível estabelecido para a vida aquática pela OMS (1963)/ BIS (1991) (máx. 200mg/l) e com o documento preparado por Dennis P. et al. (2009) para peixes Tilápia (100-250mg/l). A estação de amostragem 4 tem o valor médio anual mais elevado (181,90mg/l+14,25521) e a estação de amostragem 2 registou o valor mais baixo (161,40mg/l +22,2471, Tabela 6). A alcalinidade por si só não é prejudicial ao ser humano; ainda assim, as amostras de água com menos de 100 mg/l são desejáveis para uso doméstico. A alcalinidade total foi maior no inverno e menor na primavera.

5.2.6 Oxigénio dissolvido

O oxigénio dissolvido é um parâmetro limnológico importante que indica o nível de qualidade da água e a produção orgânica no lago. Os peixes expostos a uma água deficiente em oxigénio não se alimentam, juntam-se perto da superfície da água, aspiram ar (ciprinídeos), juntam-se na entrada dos lagos onde os níveis de oxigénio são mais elevados, tornam-se tórpidos, não reagem a irritações, perdem a capacidade de escapar à captura e acabam por morrer (Svobodová et al, 1993). O valor anual de OD variou entre 2,80mg/l e 4,70mg/l, com uma média anual de 3,5800mg/l ±. 59191. O valor mais baixo de DO foi observado em abril (2,8mg/l) na SS1 e o mais alto foi de 4,7mg/l na SS4 em junho (tabela 2 e 3). Este resultado foi considerado inferior ao limite mínimo admissível estabelecido pela OMS (1963) e BIS (1991) para a vida aquática (5-7mg/l). Os valores de DO superiores a 5mg/l foram registados nos locais de amostragem codificados como SS3 e SS4 (quadro 7). Estes locais foram identificados como locais onde os peixes se encontram em abundância. A maioria dos locais não é favorável aos peixes.

O valor médio anual de DO e o valor mensal do Lago Kabo em SS1 e SS2 (Tabela 8) estavam abaixo do limite mínimo permitido, mas SS3 e SS4 foram considerados ambientes toleráveis para peixes e vida aquática, como sugerido pela OMS (1993)/BIS (1991). A única espécie de peixe que habita o lago é a Telapia, outros peixes que inibem o lago não foram encontrados na altura do estudo. A tilápia é preferida >5mg/l e tolera 3-4mg/l de nível de DO (Lloyd, 1992). Valores inferiores a estes podem colocar os peixes em stress e níveis inferiores a 2 mg/l podem levar à morte (mas 3 mg/l para algumas espécies).

Esta constatação revela que o DO foi considerado o problema crítico do Lago Kabo. De acordo com outros relatórios, embora a tilápia possa sobreviver a baixas concentrações agudas de oxigénio durante várias horas, os tanques de tilápia devem ser geridos de modo a manter as concentrações de oxigénio acima de 1mg/L. De acordo com Thomas, P. e Michael, M., 1999, o metabolismo, o crescimento e, possivelmente, a resistência a doenças são deprimidos quando o DO cai abaixo deste nível por períodos prolongados. O DO nas quatro estações do ano foi muito baixo.

5.2.7 Transparência

O disco de Secchi é ligado a uma corda e baixado na água até deixar de ser visível. Leituras de Secchi mais elevadas significam que foi largada mais corda antes de o disco desaparecer de vista e indicam água mais clara. Leituras mais baixas indicam água turva ou colorida. A água límpida permite que a luz penetre mais profundamente no lago do que a água turva. Esta luz permite a realização da fotossíntese e a produção de oxigénio. A claridade da água do lago é afetada por algas, partículas de solo e outros materiais em suspensão na água. No entanto, a profundidade do disco de Secchi é utilizada principalmente como um indicador da abundância de algas e da produtividade geral do lago. Embora seja apenas um indicador, a profundidade do disco de Secchi é a ferramenta mais simples e uma das mais eficazes para estimar a produtividade de um lago. A transparência normal e adequada é de 25 a 30 cm (Assiah, V., et al. 2004). Nesta investigação, as profundidades de Secchi variaram entre 40 cm e 60 cm, o que está para além do valor sugerido para a transparência adequada por Assiah, V., et al. (2004).

Os valores do disco de Secchi obtidos neste estudo ajudam-nos a estimar a baixa concentração de clorofila, algas e SST presentes no lago. O valor do disco de Secchi obtido neste estudo variou entre 35 cm e 66 cm e o valor médio anual foi de 48,32 cm, o que está acima do limite especificado.

A penetração da luz que varia de 30 cm a mais de 60 cm foi reconhecida como favorável à produção de peixe (Boyd e Tucker, 1998; Ali et al., 2002). A turbidez afecta a capacidade respiratória dos peixes e as actividades fotossintéticas dos organismos vegetais (Colman et al., 1992). No entanto, de acordo com Blaber (2000), a turbidez pode afetar os peixes de três formas principais: pode proporcionar uma maior proteção dos peixes juvenis contra os predadores; está geralmente associada a áreas onde existe abundância de alimentos; e pode proporcionar um mecanismo de orientação para a migração de e para o rio. Apesar do seu valor ecológico, está provado que a turvação excessiva da água afecta a sobrevivência dos ovos de peixe, o sucesso da eclosão, a eficiência alimentar (principalmente dos peixes filtradores), a taxa de crescimento e o tamanho da população (Whitfield 1998).

O Ca++ é um componente essencial para os peixes, e níveis moderados de cálcio na água ajudam na osmorregulação dos peixes durante períodos de stress. A taxa anual de Ca^{++} registada na altura do estudo foi de 2,00 -11,80mg/l com um valor médio de 7,6112 $\pm$2,59149. A massa de água pode ser classificada como água "rica" em cálcio se for superior a 25 mg/1 (Ohle W., 1934). Assim, o lago Kabo encontra-se abaixo do resultado sugerido por (Nadeem S., 1994) para água doce. O resultado obtido foi mesmo muito inferior ao resultado obtido por Shinde Deepak e Ningwal Uday Singh, 2014 para o reservatório de Mod sagar na Índia, que é de 18,0 e 33,2 mg/l e sugerido por Ohle W., 1934).

De acordo com Swarnalatha N. e Rao A.N, 1998 e Quality Criteria for Water, U.S, 1986, o total de fosfato/fósforo recomendado para rios e riachos é de 0,1 mg/l. A ausência de fosfato pode ser uma boa razão para a fraca produtividade da água. As águas naturais com um teor de fósforo superior a 0,2 ppm Po4 são susceptíveis de serem bastante produtivas, de acordo com Jhingran V.G.1988.

Os valores registados neste estudo variaram entre 0,02-0,99mg/l com uma média anual de 0,1039mg/l $\pm$ 0,14598.

O teor de fosfato do lago foi inferior ao resultado apresentado por Shinde Deepak e Ningwal Uday Singh (2014) e (Jhingran V.G.1988), mas superior aos dados apresentados por Swarnalatha N. e Rao A.N, 1998 e Quality Criteria for Water, U.S, 1986 para o fósforo.

O fosfato ocorre na água natural em quantidades reduzidas, uma vez que muitas plantas aquáticas absorvem e armazenam fosfato em quantidades muito superiores às suas necessidades imediatas. No nosso estudo, o valor máximo de fosfato encontrado foi de 0,99 mg/l mg/L, sendo o teor de cloreto do lago Kabo de 0,89 mg/l-3,00 mg/l, com um valor médio anual de 1,5102 mg/l $\pm$0,67688.

De acordo com Shinde Deepak e Ningwal Uday Singh (2014), o teor de cloreto (Cl^-) do reservatório de Mod sagar variou de 22 a 36 mg/l. A água doce contém normalmente 8,3 mg/l de cloreto (Ohle W.,1934). De acordo com a especificação BIS 10500, 1991, o valor máximo de Cl no lago$^-$ é de 250 mg/l. O resultado obtido nesta experiência foi considerado muito baixo. Um teor elevado de cloreto pode causar pressão arterial elevada nas pessoas. O excesso de cloreto (<250 mg/l) confere um sabor salgado à água e as pessoas que não estão habituadas a um elevado teor de cloreto podem ficar sujeitas a um efeito laxante. Uma concentração elevada de cloreto é também um indicador de uma grande quantidade de matéria orgânica (Yadav G., 2002).

Tabela 11. Valor anual mínimo, máximo e médio dos parâmetros físico-químicos do lago Kabo com a comparação de padrões e outras referências (outubro 2013-julho 2014 G.C)

Parameters	Units	parameter range for Lake kabo	Annual Mean value of lake kabo	WHO(1963/ BIS(1991) permissible limit for aquatic life	Dennis P. *et al.* 2009 For Tilapia fish	Best suitable Recommended) range	References Recommendation for Lake kabo
PH	-	6.10- 8.7	7.8	6.5-8.5	6 to 9	6.5 - 9.5 [10,19]	Appropriate for Fish production
T^0	C^0	19-25.10	22.9982	30-35°C	25- 32	25 - 31 [19]	Below the specified limit for Fish production
TDS	Mg/l	60-320	205.64	Max 1000 mg/L	-	Up to 400 mg/l [25]	Appropriate for Fish production, but best for tilapia and carp fish
EC	µS/cm	98-235	150.59	750 µS/cm max limit	-	-	Below the specified limit for Fish production
T. Alkal	Mg/l	101-195	173.30	200 mg/L max	100 - 250 mg/L	Above 100 ppm [2]	Tolerable for Fish production
DO	Mg/l	3.3-.5.3	4.84	5-7mg/l	-	above 5.0 mg/l [6]	Below the specified limit for Fish production and tolerable for tilapia and carp

5.2.8Correlação dos parâmetros de qualidade da água

Foi efectuada uma correlação de Pearson entre os parâmetros identificados no estudo. O TDS tem uma forte correlação negativa com o PH e o T^0 que foram (r = -.832) e (r= -.574) respetivamente, correlação positiva com a CE e vs. A CE tem correlação negativa com o PH e o T^0 enquanto que positiva com o TDS (Tabela 6). A temperatura tem uma forte correlação positiva com o PH (0,727) ao nível de significância de 0,01.

5.3 Parâmetros biológicos do lago

As propriedades biológicas são essenciais para determinar o estado do lago e para tomar decisões informadas sobre a sua gestão. Podem ajudar a caraterizar a ecologia e a saúde globais do lago.

Neste estudo, não foram efectuadas medições diretas dos parâmetros biológicos (fitoplâncton e zooplâncton), mas sim estimativas indirectas. As algas, os animais aquáticos microscópicos, a cor da água e os sedimentos em suspensão interferem com a penetração da luz e reduzem a claridade da água. Assim, a transparência de Secchi é considerada uma medida indireta da quantidade de algas e sedimentos presentes na água.

A transparência da água do lago Kabo (as profundidades de Secchi variaram entre 35cm e 66cm) é uma indicação de que a água é muito clara e deficiente em organismos microscópicos. Os valores do disco de Secchi obtidos nesta investigação mostraram-nos indiretamente a baixa concentração de clorofila e algas, o que pode ser um indicador indireto do baixo nível de DO no lago devido à sua menor abundância.

5.3.1 Espécies de peixes no lago

A tilápia é, depois da carpa, o peixe de água doce mais cultivado no mundo. A tilápia do Nilo é ainda a espécie de tilápia mais cultivada em África. As caraterísticas aquaculturais positivas da tilápia são a sua tolerância à má qualidade da água e o facto de comer uma vasta gama de organismos alimentares naturais. Os constrangimentos biológicos ao desenvolvimento da cultura comercial de tilápia são a sua incapacidade de suportar temperaturas de água sustentadas abaixo de 50 a 52° F e maturidade sexual precoce que resulta em desova antes do peixe atingir o tamanho de mercado (Thomas P. e Michael M., 1999).

A única espécie de peixe encontrada no lago Kabo durante o período de estudo foi a família das ciprinídeas, isto é, a Tilápia, que foi introduzida no lago pela mesma organização (Pers.com.). A atividade de pesca no lago Kabo foi particularmente confinada em SS3 e SS4. Isto pode ser devido ao ambiente vantajoso presente em SS3 e SS4 do que os locais de amostragem SS1 e SS2 no lago; estes são preferíveis PH, temperatura, TDS, e DO.

Os locais preferidos pelos peixes Tilápia estão expostos ao arejamento e encontram-se na margem do lago onde se encontram grandes plantas aquáticas. Tradicionalmente, os caçadores de peixe caçam um máximo de 40 peixes por dia no lago. Estes peixes foram expostos a morte súbita (observação pessoal, comunicação pessoal, figura 7). Eles não têm gosto quando comidos do que os peixes comuns encontrados no rio Baro. A maior parte dos peixes morre durante a época das chuvas e são vistos em abundância à saída do pequeno rio chamado "Bureyi" (comunicação pessoal).

Fig. 7 As únicas espécies de peixes encontradas no Lago Kabo (Fotografia de peixes mortos tirada durante o inquérito)

CAPÍTULO 6

6. CONCLUSÃO

A qualidade da água tem um impacto direto sobre a sobrevivência, o crescimento e o rendimento do peixe de tanque. A criação de peixes necessita de um bom hábito de registos da temperatura da água, do nível de oxigénio dissolvido e das actividades dos peixes. Estes registos fornecem informação útil para análise. A gestão adequada da qualidade da água é o ponto fulcral na criação de peixes. A partir dos resultados encontrados durante o período de estudo, foram tiradas as principais conclusões.

A localização do lago e as longas árvores à volta do lago reduzem o movimento do vento; reduzem a corrente da água e os raios solares que atingem a maior parte da massa de água do lago. Isto afecta o arejamento da água e impede que o sol chegue à vida aquática. O valor mais baixo do lago leva à morte dos peixes no lago.

Esta flutuação dos parâmetros mencionados tornou-se uma ameaça para a vida dos peixes. Os valores mais baixos de alcalinidade total, TDS, Na^{+} , Mg^{++} e Ca^{++} são esperados como sendo a razão para a falta de sabor da carne dos peixes, enquanto que a morte pode estar relacionada com o valor de DO relacionado com a temperatura. O lago rodeado de floresta natural e a localização do lago podem ser a razão para impedir que os raios solares atinjam a superfície da água.

CAPÍTULO 7

7. RECOMENDAÇÃO

O oxigénio pode entrar no sistema por difusão direta e como subproduto da fotossíntese. Isto significa que o nível de oxigénio dissolvido na água pode ser aumentado através de aeração mecânica, por exemplo, rodas de pás, agitadores, pulverizadores verticais, bombas de transporte aéreo, difusores de ar e uma considerável ação do vento e das ondas, bem como a presença de plantas aquáticas e algas.

Uma vez que o lago se encontrava com uma menor concentração de DO, a aeração da água é a melhor ação corretiva. O arejamento mecânico pode ser efectuado através de bombas de oxigénio ou pulverizando a água para o ar sob a forma de uma fonte. O lago deve ser utilizado como área recreativa equipada com rampas para barcos, o que pode aumentar a mistura do oxigénio atmosférico com o da água. O governo ou qualquer ONG (incluindo a nossa universidade) deve apoiar financeira e tecnicamente a baixa qualidade do produto do lago. O crescimento controlável de algas no lago deve ser mantido para aumentar o nível de oxigénio na água.

A carga externa de nutrientes pode ser uma solução para facilitar o crescimento de plantas aquáticas, que aumentam internamente a concentração de DO no lago.

A Universidade deve incentivar a criação de equipas que se preocupem com a sustentabilidade e a produtividade do lago.

Tomando esta investigação como referência, devem ser realizadas outras investigações, tais como a produtividade do lago, o fitoplâncton, o zooplâncton, a identificação de espécies microbianas e o estudo da concentração.

O controlo e a avaliação regulares da qualidade da água do lago são muito importantes para efeitos de conservação e gestão adequadas. Por conseguinte, recomenda-se que a Universidade de Mizan-Tepi crie uma equipa que se dedique à monitorização e avaliação regulares do Lago Kabo.

A segunda fase desta investigação deverá trabalhar intensivamente na gestão dos indicadores biológicos e avaliar os indicadores biológicos no lago.

Avaliar o resultado desta investigação e encontrar peixes adequados para o lago.

Introdução de espécies exóticas.

A diferença de temperatura entre a água do lago e a água do rio não pode ser a razão para explicar a condição de mistura ou não mistura, pelo que deve ser apoiada por estudos diferentes.

REFERÊNCIAS

1. Albaret, J.J., 1999. Os povoamentos dos estuários e das lagoas. In: Lévêque C., Paugy D. (Eds.), Les poissons des eaux continen-tales africaines: diversité, biologie, écologie et utilisation parl homme. Éditions de l IRD, Paris, pp. 325-349.

2. Alikunhi K.H., 1957. Fish culture in India, In Bull. Indian council agri. Res., (20), 144

3. Ali, S.S., 1999. Freshwater Fishery Biology. 1st Ed. pp: 108 14. Naseem Book Depot, Hyderabad, Paquistão

4. Aninomia, 2001. Parâmetros de Interpretação e Normas de Qualidade da Água, Agência de Proteção Ambiental, Irlanda.

5. Ashitey. E. e Flake. L., 2010. Manual do Guia do Exportador. Rede Mundial de Informação sobre Aquacultura, Gana, GH1002,16

6. Assiah. V., Ton. V., e Aldin,V., 2004. Piscicultura de água doce em pequena escala 2nd ed. Digigrafi, Wageningen, Países Baixos.

7. APHA, 1991. Standard Methods for the Examination of Water and Waste vliater. Including Bottom Sediments and Sludge, Nova Iorque, EUA, 1193.

8. APHA, 1992. Standard Methods for the Examination of Water and Waste vliater. Including Bottom Sediments and Sludge, 141h ed., American Public Health Association, Nova Iorque, EUA, 1193.

9. Blaber, S.J.M., 2000. Tropical Estuarine Fishes. Ecologia, Exploração e Conservação. Fish and Aquatic Resources Ser. 7, Blackwell Science.

10. Beadle, L.C., 1981. The Inland waters of Tropical Africa: an Introduction to tropical limnology.

Segunda edição, Longman Inc, Nova Iorque

11. BIS 1991, IS:10400. Indian Standards for drinking waters, Nova Deli, Índia, 1-9, 179-182.

12. Boyd, C., 1979. Water Quality in warm water fish ponds, Anburn University, Alabama, pp359

13. Boyd, C.E., e C.S. Tucker, 1998. Aquacultura em tanques e gestão da qualidade da água. pp: 448. Kluwer Academic Pub, Londres.

14. Bronmark, C. e Hansson, L., 2005.The biology of lakes and ponds. Oxford University Press, Oxford, pp 285

15. B. Santhosh e N.P. Singh, 2007. Diretrizes para a Gestão da Qualidade da Água para a Piscicultura em Tripura. New mankiya press No.29.

16. Dennis P., Thomas M. e James E., 2009. Tank Culture of Tilapia, University of the Virgin Islands SRAC, No. 282 pp.1-8.

17. Eira Carballo, Assiah van Eer, Ton van Schie e Aldin Hilbrands, 2008. Piscicultura de água doce em pequena escala, 3rd edição, Fundação Agromisa e CTA, Wageningen.

18. Esmaeili H. e Johal M., 2005. Study of physicochemical parameters of water of Gobindsagar reservoir, India, In Proceeding of National Seminar on New Trends in Fishery Development in India, Punjab University, Chandigarh, India.

19. Furhan Iqbal, M. Ali, Abdus Salam, B.A. Khan, S.Ahmad, M.Qamar e Kashif Umer, 2004. Variações sazonais das caraterísticas físico-químicas da água do rio Soan na ponte Dhoak Pathan (Chakwal), Paquistão, Int. Jour. Agric. & Biol. 1560 8530/2004/06 1 89 92.

20. Genevieve M. e Jems P., 2008. Water Qualityfor Ecosystem and Human Health 2nd ed. Programa das Nações Unidas para o Ambiente Sistema de Monitorização Ambiental Global/Programa da Água

21. Hötzel, G. e Roger Croome, 1999. A Phytoplankton Methods Manual for Australian, LWRRDC Occasional Paper 22/99.

22. Huet, M., 1986. Textbook of fish culture. Segunda edição, Fishing news book Ltd; Inglaterra.

Lowe-McConnell, R.H., 1987. Ecological Studies in Tropical Communities. Cambridge University Press, 12+382pp.

23. Jeffries, M. e Mills, D., 1990. Freshwater Ecology. Principles and Applications. pp: 335 337. Belhaven Press, Londres e Nova Iorque

24. J.E.Rakocy, A.S.McGinty, 1989. Pond culture of tilapia, SRAC Publication, Estados Unidos,280,

25. Jhingran V.G.(1988). Fish and fisheries of India, Hindustan Publishing Corporation (India), Delhi,

26. Junte-se a B. G. (2004). Qualidade da água, PETCO animal supply inc.

27. Kasangaki, A., Champan L.J e Balirwa J., 2008. Land use and the Ecology of Benthic Macroinvertebrate Assemblages of high altitude rainforest Streams in Uganda. Biologia de Água Doce (2008) 53: 681697.

28. Klontz, G.W. 1993. Epidemiologia. In:Stoskopf, M.K. (ed.) Fish Medicine. W.B. Saunders, Philadelphia, US. pp. 210-213.

29. Koloanda R.J., e Oladimeji A.A., 2004. Qualidade da água e alguns níveis de nutrientes no lago Shiroro, Estado do Níger, Nigéria. Jornal de Ciências Aquáticas, 19, 2: 99 - 106.

30. K.R.Matthews, 1990. Environmental Biology of Fishes, 29, 161-178.

31. Lloyd, R., 1992. Pollution and Freshwater Fish (Poluição e peixes de água doce). West By fleet: Fishing News Books.

32. Lowe-McConnell, R.H., 1987. Ecological Studies in Tropical Communities. Cambridge University Press, pp 12-382

33. Mallya Y. J., 2007. The effects of dissolved oxygen on fish growth in aquaculture, UNU-Fisheries Training Programme , Islândia.

34. Matthews, K.R. 1990. An experimental study of the habitat preferences and movement patterns of Copper, quillback, and brown rockfish (Sebastes spp.). Environmental Biology Fishes 29:161178.

35. Merle G. Galbraith, Jr. e James C. Schneide, 2000. Manual of Fisheries Survey Methods II, p14

36. Mushahida-Al-Noor1, S., e Kamruzzaman, Sk., 2013. Variações espaciais e temporais em parâmetros físicos e químicos na água do rio Rupsha e relação com fatores edáficos em Khulna South Western Bangladesh. Revista Internacional de Ciência e Investigação (IJSR), 460 - 467

37. Nadeem S., (1994). Estudos sobre o efeito das alterações sazonais nos parâmetros físico-químicos da água do rio Indus, Tese de Mestrado, Departamento de Química, Universidade B.Z., Multan,

38. Lloyd, R. 1992. Pollution and Freshwater Fish (Poluição e peixes de água doce). West Byfleet: Fishing News Books.

39. Ohle W., 1934. Chemische and Physikalische untersuchungen Nordeutscher seem, Arch. Hydrobiol, 26:386, 464.

40. Ojutiku R.O., e Koloanda R.J., 2011. Variações temporais e espaciais em alguns parâmetros físico-químicos do rio Chanchaga, Estado do Níger, Nigéria. Jornal de Biociências Aplicadas 47: 3242 32455

41. Critérios de qualidade para a água, Agência de Proteção Ambiental dos EUA, (1986). EPA#440/5-86-001.

42. Salmaso, N. 2002. Ecological patterns of phytoplankton assemblages in Lake Garda: seasonal, spatial and historical features. Jornal de Limnologia, 61/1: 92-115.

43. Shinde Deepak e Ningwal Uday Singh, 2014. A relação entre as caraterísticas físico-químicas e a produção de peixes do reservatório de Mod sagar do distrito de Jhabua, MP, Índia, Res. J. Recent. Sci., Vol. 3, 82-86.

44. Svobodová, Z.; Lloyd, R.; Máchová, J.; Vykusová, B. (1993). Qualidade da água e saúde dos peixes. Documento técnico da EIFAC. No. 54. Roma, FAO, pp59

45. Swarnalatha N. e Rao A.N., (1998). Estudos ecológicos do lago Banjara com referência à poluição da água, J. Env. Biol., 19:2,179-186

46. Yadav G., (2002). Variação da concentração de cloreto numa lagoa em Fatehpur, Sikri, Agra. Geobios, 29, 197-198

47. Thomas Popma1 e Michael Masser, 199. Tilapia Life History and Biology, Publicação SRAC nº 283, pp1-4

48. Tushar K. G. (2012). Um estudo dos parâmetros de qualidade da água para melhor gerir as nossas lagoas ou lagos, Revista Internacional de Investigação Mais Recente em Ciência e Tecnologia, Índia, Vol.1, 4: Pp .359-363

49. Vijverberg, J., Eshete, D., Abebe Getahun e J.Nagelkerke, L. (2012). A composição das comunidades de peixes de nove lagos etíopes ao longo de um gradiente norte-sul: ameaças e possíveis soluções, Animal Biology, Países Baixos.

50. Viveen, W., Richter, C., van Oordt, Janssen,J. e Huisman,E. (1985). Manual prático para a cultura do peixe-gato africano (Clarias gariepinus). Direção Geral de Cooperação Internacional do Ministério dos Negócios Estrangeiros, Haia, Países Baixos. Pp 94.

51. Whitfield A.K., 1998. Biology and Ecology of Fishes in Southern African Estuaries (Biologia e Ecologia de Peixes em Estuários da África Austral). Ichthyological. Monografias do Instituto de Ictiologia J.L.B. Smith, nº 2.

52. Organização Mundial de Saúde (OMS) (1993): Diretrizes para a qualidade da água potável. Revisão das diretrizes de 1984. Reunião final do grupo de trabalho. Genebra, 21 e 25 de setembro.

MIX
Papier aus verantwortungsvollen Quellen
Paper from responsible sources
FSC® C105338

Printed by Books on Demand GmbH, Norderstedt / Germany